RECIT

DE LA GRANDE
Experience de l'Equilibre
des Liqueurs.

Projectée par le Sieur B. P.

Pour l'accomplissement du Traicté qu'il a promis dans
son abbregé touchant le Vuide.

Et faite par le Sieur F. P. en vne des plus hautes Montagnes d'Auuergne.

*ORS que ie mis au iour mon abbregé sous ce
tiltre,* Experiences nouuelles touchant le Vuide, *&c. où i'auois employé la maxime de l'horreur du Vuide, parce qu'elle estoit vniuersellement
receuë, & que ie n'auois point encores de preuues conuaincantes du contraire : Il me resta quelques difficultez qui me
firent grandement défier de la verité de cette maxime, pour
l'éclaircissement desquelles ie meditay deslors l'experience dont*

A

ie fais voir icy le recit, qui me pouuoit donner vne par-
faite cognoissance de ce que i'en deuois croire. Je l'ay nommée
la grande experience de l'Equilibre des liqueurs, parce qu'elle est la plus demonstratiue de toutes celles qui peuuent estre
faites sur ce suiet, en ce qu'elle fait voir l'Equilibre de l'air
auec le vif-argent, qui sont l'vn la plus legere, l'autre la
plus pesante de toutes les liqueurs qui sont connuës dans la
nature. Mais pource qu'il estoit impossible de la faire en cette
ville de Paris, qu'il n'y a que tres peu de lieux en France
propres pour cét effect, & que la ville de Clermont en Auuergne est vn des plus commodes, Je priay Monsieur Perier
Conseiller en la Cour des Aydes d'Auuergne, mon beau-frere,
de prendre la peine de l'y faire. On verra quelles estoient
mes difficultez, & qu'elle est cette experience, par cette lettre
que ie luy en escriuis alors.

Coppie de
la Lettre de
Monsieur
Pascal le
Ieune, à
Monsieur
Perier, du
15. Nouem-
bre 1647.

MONSIEVR,

Ie n'interromprois pas le trauail continuel, où vos
emplois vous engagent, pour vous entretenir de Medi-
tations Physiques, si ie ne sçauois qu'elles seruiront à vous
delasser en vos heures de relasche, & qu'au lieu que d'autres en seroient embarrassez, vous en aurez du diuertisse-
ment: I'en fais d'autant moins de difficulté, que ie sçay
le plaisir que vous receuez en cette sorte d'entretien, Ce-
luy-cy ne sera qu'vne continuation de ceux que nous auons

eu enſemble touchant le Vuide. Vous ſçauez quel ſentiment les Philoſophes ont eu ſur ce ſujet, Tous ont
tenu pour maxime, que la nature abhorre le Vuide, &
preſque tous, paſſant plus auant, ont ſouſtenu qu'elle
ne peut l'admettre, & qu'elle ſe deſtruiroit elle-meſ-
me pluſtoſt que de le ſouffrir, Ainſi les Opinions ont
eſté diuiſées, Les vns ſe ſont contentez de dire, qu'elle l'abhorroit ſeulement, les autres ont maintenu qu'elle ne le pouuoit ſouffrir, I'ay trauaillé dans mon abbregé du traitté du Vuide, à deſtruire cette derniere
opinion, & ie croy que les experiences que i'y ay
rapportées ſuffiſent pour faire voir manifeſtement, que
la nature peut ſouffrir, & ſouffre en effect vn eſpace ſi
grand que l'on voudra vuide de toutes les matieres qui
ſont en noſtre cognoiſſance, & qui tombent ſouz nos
ſens; Ie trauaille maintenant à examiner la verité de la
premiere, & à chercher des experiences qui facent
voir ſi les effects que l'on attribuë à l'horreur du Vuide,
doiuent eſtre veritablement attribuez à cét horreur du
Vuide, où s'ils le doiuent eſtre à la peſanteur & preſſion
de l'air; Car pour vous ouurir franchement ma penſée,
I'ay peine à croire que la nature qui n'eſt point animée
ny ſenſible ſoit ſuſceptible d'horreur, puiſque les paſ-
ſions preſuppoſent vne ame capable de les reſſentir, &
I'incline bien plus à imputer tous ces effects à la peſanteur & preſſion de l'air, parce que ie ne les conſidere,
que comme des cas particuliers d'vne propoſition vni-

uerfelle de l'Equilibre des liqueurs, qui doit faire la
plus grande partie du traitté que i'ay promis : Ce n'eſt
pas que ie n'euſſe ces meſmes penſées lors de la production de mon abbregé, & toutesfois faute d'experiences conuaincantes, Ie n'oſay pas alors (& ie n'oſe
pas encore)me departir de la maxime de l'horreur du
Vuide, & ie l'ay meſme employée pour maxime dans
mon abbregé, n'ayant lors autre deſſein que de com-
battre l'opinion de ceux qui ſouſtiennent que le Vuide
eſt abſolument impoſſible, & que la nature ſouffriroit
pluſtoſt ſa deſtruction que le moindre eſpace vuide ;
En effet, ie n'eſtime pas qu'il nous ſoit permis de nous
departir legerement des maximes que nous tenons de
l'Antiquité, ſi nous n'y ſommes obligez par des preuues indubitables & inuincibles : Mais en ce cas, ie tiens
que ce feroit vne extreme foibleſſe d'en faire le moindre ſcrupule, & qu'en fin nous deuons auoir plus de
veneration pour les veritez éuidentes que d'obſtina-
tion pour ces opinions receuës. Ie ne ſçaurois mieux
vous teſmoigner la circonſpection que i'apporte auant
que de m'éloigner des anciennes maximes que de vous
remettre dans la memoire l'experience que ie fis ces
iours paſſez en voſtre preſence auec deux tuyaux, l'vn
dans l'autre, qui monſtre apparemment le Vuide dans
le Vuide. Vous viſtes que le vif-argent du tuyau inte-
rieur demeura ſuſpendu à la hauteur, où il ſe tient par
l'experience ordinaire, quand il eſtoit contrebalancé &

reſtat

preffé par la pefanteur de la Maffe entiere de l'air, &
qu'au contraire, il tomba entierement, fans qu'il luy
reftat aucune hauteur ny fufpenfion, lors que par le
moyen du Vuide, dont il fuft enuironné, Il ne fut plus
du tout preffé ny contrebalancé d'aucun air, en ayant
efté deftitué de tous coftez. Vous viftes en fuitte que
cette hauteur ou fufpenfion du vif-argent augmentoit
ou diminuoit à mefure que la preffion de l'air augmentoit ou diminuoit, & qu'en fin toutes ces diuerfes hauteurs ou fufpenfions du vif-argent fe trouuoient tou-
jours proportionnées à la preffion de l'air.

Certainement apres cette experience, il y auoit lieu
de fe perfuader, que ce n'eft pas l'horreur du Vuide,
comme nous eftimons, qui caufe la fufpenfion du vif-
argent dans l'experience ordinaire, mais bien la pefanteur & preffion de l'air, qui contrebalance la pefanteur
du vif-argent. Mais parce que tous les effects de cette
derniere experience des deux tuyaux qui s'expliquent
fi naturellement par la feule preffion & pefanteur de
l'air, peuuent encores eftre expliquez affez probable-
ment par l'horreur du Vuide, Ie me tiens dans cette
ancienne maxime, refolu neantmoins de chercher l'ef-
clairciffement entier de cette difficulté par vne experience decifiue. I'en ay imaginé vne qui pourra feule
fuffire pour nous donner la lumiere, que nous cher-
chons, fi elle peut eftre executée auec iufteffe: C'eft de
faire l'experience ordinaire du Vuide plufieurs fois en

B

mefme iour, dans vn mefme tuyau, auec le mefme vif-
argent, tantoſt au bas, & tantoſt au fommet d'vne montagne efleuée pour le moins de cinq ou ſix cens toiſes,
pour efprouuer ſi la hauteur du vif-argēt ſuſpendu dans
le tuyau, ſe trouuera pareille ou differēte dans ces deux
ſcituations. Vous voyez defia ſans doute, que cette experience eſt deciſiue de la queſtion, & que s'il arriue
que la hauteur du vif-argent ſoit moindre au haut qu'au
bas de la montagne (comme i'ay beaucoup de raiſons
pour le croire, quoy que tous ceux qui ont medité ſur
cette matiere ſoient contraires à ce ſentiment,) il s'en-
ſuiura neceſſairement que la peſanteur & preſſion de
l'air eſt la ſeule cauſe de cette ſuſpenſion du vif-argent,
& non pas l'horreur du Vuide, puis qu'il eſt bien cer-
tain qu'il y a beaucoup plns d'air, qui peſe ſur le pied
de la montagne, que non pas ſur ſon ſommet, au lieu
qu'on ne ſçauroit pas dire que la Nature abhorre le
le Vuide au pied de la montagne plus que ſur ſon
ſommet.

Mais comme la difficulté ſe trouue d'ordinaire ioin-
te aux grandes choſes, i'en vois beaucoup dans l'exe-
cution de ce deſſein, puis qu'il faut pour cela choiſir
vne montagne exceſſiuement haute, proche d'vne ville, dans laquelle ſe trouue vne perſonne capable d'ap-
porter à cette eſpreuue toute l'exactitude neceſſaire,
Car ſi la montagne eſtoit eſloignée, il feroit difficille
d'y porter les vaiſſeaux, le vif-argent, les tuyaux, &

beaucoup d'autres chofes neceffaires, & d'entrepren-
dre ces voyages penibles, autant de fois qu'il le fau-
droit, pour rencontrer au haut de ces montagnes le
temps ferain & commode, qui ne s'y void, que peu
fouuent; Et comme il eft auffi rare de trouuer des perfonnes hors de Paris, qui ayent ces qualitez, que des
lieux qui ayent ces conditions; l'ay beaucoup eftimé
mon bon-heur d'auoir en cette occafion rencontré l'vn
& l'autre, puis que noftre ville de Clermont eft au pied
de la haute montagne du Puy de domme, & que i'ef-
pere de voftre bonté, que vous m'accorderez la grace
d'y vouloir faire vous mefme cette experience; & fur
cette affeurance, ie l'ay faite efperer à tous nos curieux
de Paris, & entr'autres au R. P. Merfenne, qui s'eft
defia engagé par lettres, qu'il en a efcrites en Italie, en
Pologne, en Suede, en Hollande, &c. d'en faire part
aux amis qu'il s'y eft acquis par fon merite. Ie ne tou-
che pas aux moyens de l'executer, parce que ie fçay
bien que vous n'obmettrez aucune des circonftances
neceffaires pour la faire auec precifion.

Ie vous prie feulemeut que ce foit le pluftoft qu'il
vous fera poffible, & d'excufer cette liberté, où m'o-
blige l'impatience que i'ay d'en apprendre le fuccez,
fans lequel ie ne puis mettre la derniere main au traitté que i'ay promis au public, n'y fatisfaire au defir de
tant de perfonnes qui l'attendent, & qui vous en feront
infiniment obligez : Ce n'eft pas que ie vueille dimi-

nuer ma reconnoiſſance , par le nombre de ceux qui
la partageront auec moy, puis que ie veux, au contraire prendre part à celle qu'ils vous auront,& en de-
meurer d'autant plus,

De Paris ce 15. Nouembre 1647.

MONSIEVR,

Voſtre tres-humble & tres-obeïſſant
ſeruiteur. PASCAL.

Monſieur Perier receut ceſte lettre à Moulins, où
il eſtoit dans vn employ qui luy oſtoit la liberté de diſ-
poſer de ſoy meſme : de ſorte que quelque deſir qu'il euſt
de faire promptement cette experience, il ne l'a pû neantmoins pluſtoſt qu'au mois de Septembre dernier.

Vous verrez les raiſons de ce retardement , la relation de ceſte experience, & la preciſion qu'il y a apporté
par la lettre ſuiuante qu'il me fit l'honneur de m'en eſ-
crire.

MONSIEVR,

En fin, i'ay fait l'experience que vous auez si long-
temps fouhaittée, Ie vous aurois plutoft donné cette
fatisfaction, mais i'en ay efté empefché, autant par les
employs que i'ay eu en Bourbonnois, qu'à caufe que
depuis mon arriuée, les neiges ou les broüillars ont
tellement couuert la montagne du Puy de Domme,
où ie la deuois taire, que mefmes en cette faifon qui
eft icy la plus belle de l'année, I'ay eu peine à rencontrer vn iour, où l'on pût voir le fommet de cette montagne, qui fe trouue d'ordinaire au dedans des nuées, &
quelquesfois au deffus, quoy qu'au mefme temps, il
faffe beau dans la campagne ; de forte, que ie n'ay
peu ioindre ma commodité auec celle de la faifon,
auant le 19. de ce mois : Mais le bon-heur auec lequel
ie la fis ce iour-là, m'a plainement confolé du petit def-
plaifir que m'auoient donné tant de retardemens, que
ie n'auois pû efuiter.

Ie vous en donne icy vne ample & fidelle relation,
où vous verrez la precifion & les foins que i'y ay apporté, aufquels i'ay eftimé à propos de ioindre encore
la prefence de perfonnes auffi fçauantes qu'irrepro-
chables, afin que la fyncerité de leur tefmoignage ne
laiffat aucun doute de la certitude de l'experience.

Copie de la Lettre de Monfieur Terier à Monfieur Pafcal le Ieune, du 22. Septembre 1648.

C

Copie de la
Relation de
l'experience
faite par
Monfieur
Perier.

LA iournée de Samedy dernier 19. de ce mois fut fort inconftante, neantmoins le temps paroiffant affez beau fur les cinq heures du matin, & le fommet du Puy de Domme fe monftrant à defcouuert, ie me refolus d'y aller pour y faire l'experience. Pour cét effet, i'en donnay aduis à plufieurs perfonnes de condition de cette ville de Clermont, qui m'auoient prié de les aduertir du iour que i'y irois, dont quelques vnes font Ecclefiaftiques & les autres feculieres; entre les Ecclefiaftiques eftoient le T. R. P. Bannier l'vn des Peres Minimes de cette ville, qui a efté plufieurs fois Correcteur, (c'eft à dire Superieur) & Monfieur Mofnier Chanoine de l'Eglife Cathedrale de cette ville, & entre les feculiers, Meffieurs la Ville & Begon, Confeillers en la Cour des Aydes, & Monfieur la PorteDocteur en Medecine, & l'a profeffant icy, toutes perfonnes tres-capables, non feulement en leurs charges, mais encores dans toutes les belles connoiffances, auec lefquels ie fus rauy d'executer cette belle partie: Nous fufmes donc ce iour-là tous enfemble fur les huict heures du matin dans le iardin des Peres Minimes, qui eft prefque le plus bas lieu de la ville, où fut commencée l'experience en cette forte.

Premierement, ie verfay dans vn vaiffeau feize liures de vif argent, que i'auois rectifié durant les trois iours precedans, & ayant pris deux tuyaux de verre de pareille groffeur, & longs de quatre pieds chacun, feellez hermetiquement par vn bout, & ouuerts par l'autre, Ie fis en chacun d'iceux l'experience ordinaire du Vuide, dans ce mefme vaiffeau, & ayant approché, & ioint les deux tuyaux l'vn contre l'autre fans les tirer hors de leur vaiffeau, il fe trouua que le vif-argent qui eftoit refté en chacun d'eux eftoit à mefme niueau, & qu'il y en auoit en chacun d'eux au deffus de la fuperfi- cie de celuy du vaiffeau, vingt-fix poulces, trois lignes & demie ; Ie refis cette experience dans ce mefme lieu, dans les deux mefmes tuyaux, auec le mefme vif- argent, & dans le mefme vaiffeau, deux autres fois, il fe trouua toufiours que le vif-argent des deux tuyaux eftoit à mefme niueau & en la mefme hauteur que la premiere fois.

Cela faict, j'arreftay à demeure l'vn de ces deux tuyaux fur fon vaiffeau en experience continuelle, Ie marquay au verre la hauteur du vif-argent, & ayant laiffé ce tuyau en fa mefme place, ie priay le R. Pere Chaftin, l'vn des Religieux de la maifon, homme auffi pieux que capable, & qui raifonne tres-bien en ces ma- tieres, de prendre la peine d'y obferuer de moment en moment pendant toute la iournée, s'il y arriueroit du changement, & auec l'autre tuyau, & vne partie de ce mefme vif-argent, Ie fus auec tous ces Meffieurs faire les mefmes experiences au haut du Puy de Domme, efleué au deffus des Minimes, enuiron de 500. toifes, où il fe trouua qu'il ne reftat plus dans ce tuyau que la hauteur de vingt-trois poulces, deux lignes de vif- argent, au lieu qu'il s'en eftoit trouué aux Minimes

dans ce mefme tuyau, la hautenr de 26. poulces 3. lignes
& demie, & qu'ainfi entre les hauteurs du vif-argent
de ces deux experiences, il y eut trois poulces vne ligne & demie de difference, ce qui nous rauit tous
d'admiration & d'eftonnement, & nous furprit de telle
forte, que pour noftre fatisfaction propre, nous vouluf-
mes la repeter; C'eft pourquoy ie la fis encore cinq autres fois, tres-exactement, en diuers endroits du fommet de la montagne, tantoft à couuert dans la petite
Chapelle qui y eft, tantoft à defcouuert, tantoft à l'abry,
tantoft au vent, tantoft en beau temps, tantoft pendant
la pluye & les broüillards, qui nous y venoient voir par
fois, ayant à chaque fois purgé tres foigneufement d'air
le tuyau, il s'eft toufiours trouué la mefme hauteur de
vif-argent de 23. poulces 2. lignes qui font les 3. poulces
vne ligne & demie de difference d'auec les vingt-fix
poulces trois lignes & demie, qui s'eftoient trouuez
aux Minimes, Ce qui nous fatisfit plainement.

Apres, en defcendant la montagne, ie refis en che-
min la mefme experience, toufiours auec le mefme
tuyau, le mefme vif-argent, & le mefme vaiffeau, en vn
lieu appellé Lafon de l'arbre, beaucoup au deffus des
Minimes, mais beaucoup plus au deffous du fommet
de la montagne, & là ie trouuay que la hauteur du
vif-argent refté dans le tuyau eftoit de 25. poulces
Ie la refis vne feconde fois en ce mefme lieu, & ledit
fieur Mofnier, vn des cy-deuant nommez, euft la curiofité de la faire luy-mefme: il la fit donc auffi en ce
mefme

mefme lieu, & il fe trouua toufiours la mefme hauteur de vingt-cinq poulces, qui eſt moindre que celle
qui s'eſtoit trouuée aux Minimes d'vn poulce trois
lignes & demie, & plus grande que celle que nous ve-
nions de trouuer au haut du Puy de Domme d'vn
poulce 10. lignes & demie, ce qui n'augmentaſt pas peu
noſtre fatisfaction, voyans la hauteur du vif-argent fe
diminuer, fuiuant la hauteur des lieux.

Enfin, eſtans reuenus aux Minimes, i'y trouuay le
vaiſſeau, que i'auois laiſſé en experience continuelle, en
la mefme hauteur, où ie l'auois laiſſé de 26. poulces
trois lignes & demie, à laquelle hauteur le R. P. Cha-
ſtin qui y eſtoit demeuré pour l'obſeruation, nous rap-
porta n'eſtre arriué aucun changement pendant toute
la iournée, quoy que le temps euſt eſté fort incon-
ſtant, tantoſt ferain, tantoſt pluuieux, tantoſt plain de
broüillards, & tantoſt venteux.

I'y refis l'experience auec le tuyau que i'auois porté
au Puy de domme, & dans le vaiſſeau où eſtoit le tuyau
en experience continuelle, ie trouuay que le vif-argent
eſtoit en mefme niueau, dans ces deux tuyaux, & à
la mefme hauteur de 26. poulces trois lignes & demie,
comme il s'eſtoit trouué le matin dans ce mefme tuyau,
& comme il eſtoit demeuré durant tout le iour dans le
tuyau en experience continuelle.

Ie la repetay encore pour la derniere fois, non ſeu-
lemét dans le mefme tuyau où ie l'auois faite fur le Puy
de domme, mais encore auec le mefme vif-argent &
dans le mefme vaiſſeau que i'y auois porté, & ie trou-

D

uay toufiours le vif-argent à la mefme hauteur de 26.
poulces 3. lignes & demie, qui s'y eftoit trouuée le matin, Ce qui nous acheua de confirmer dans la certitude
de l'experience.

Le lendemain le T. R. P. de la Mare, Preftre de l'O-
ratoire, & Theologal de l'Eglife Cathedrale, qui auoit
efté prefent, à ce qui s'eftoit paffé le matin du iour pre-
cedent dans le iardin des Minimes, & à qui i'auois rap-
porté ce qui eftoit arriué au Puy de Domme, me pro-
pofa de faire la mefme experience au pied & fur le haut
de la plus haute des tours de Noftre Dame de Clermont, pour efprouuer s'il y arriueroit de la difference.
Pour fatisfaire à la curiofité d'vn homme de fi grand
merite, & qui a donné à toute la France des preuues
de fa capacité, Ie fis le mefme iour l'experience ordinaire du Vuide, en vne maifon particuliere, qui eft au
plus haut lieu de la ville, efleué par deffus le iardin des
Minimes de fix ou fept toifes, & à niueau du pied de la
tour, Nous y trouuafmes le vif-argent à la hauteur d'enuiron 26. poulces 3. lignes, qui eft moindre que celle
qui s'eftoit trouuée aux Minimes d'enuiron demy ligne.

En fuitte, ie l'ay faite fur le haut de la mefme tour,
efleué pardeffus fon pied de 20. toifes, & pardeffus le
iardin des Minimes d'enuiron 26. ou 27. toifes, I'y
trouuay le vif-argent à la hauteur d'enuiron 26. poulces
vne ligne, qui eft moindre que celle qui s'eftoit trouuée
au pied de la tour d'enuirõ 2. lignes, & que celle qui s'e-
ftoit trouuée aux Minimes d'enuiron 2. lignes & demie.

De forte, que pour reprendre & comparer enfem-

ble les differentes efleuations des lieux, où les experiences ont efté faites, auec les diuerfes hauteurs du
vif-argent, qui eft refté dans les tuyaux, Il fe trouue

Qu'en l'experience faite au plus bas lieu, le vif-argét
reftoit à la hauteur de 26. poulces 3. lignes & demie.

En celle qui a efté faite en vn lieu efleué au deffus
du plus bas d'enuiron fept toifes, le vif-argent eft refté
à la hauteur de 26. poulces 3. lignes.

En celle qui a efté faite en vn lieu efleué au deffus
du plus bas d'enuiron 27. toifes , le vif-argent s'eft
trouué à la hauteur de 26. poulces vne ligne.

En celle qui a efté faite en vn lieu efleué au deffus du
plus bas d'enuiron 150. toifes , le vif-argent s'eft
trouué à la hauteur de 25. poulces.

En celle qui a efté faite en vn lieu efleué au deffus du
plus bas d'enuiron 500. toifes, le vif-argent s'eft trouué
à la hauteur de 23. poulces 2. lignes.

Et partant, il fe trouue qu'enuiron fept toifes d'eleua-
tion , donnent de difference en la hauteur du vif-argent, demy ligne

Enuiron 27. toifes, 2. lignes & demie.

Enuiron 150. toifes, quinze lignes & demie, qui font
vn poulce 3. lignes & demie,

Et enuiron 500. toifes, 37. lignes & demie, qui font 3.
poulces vne ligne & demie.

Voila au vray tout ce qui s'eft paffé en cette experience, dont tous ces Meffieurs qui y ont affifté, vous
figneront la relation quand vous le defirerez.

Au refte, i'ay à vous dire, que les hauteurs du vif-argent ont esté prises fort exactement, mais celles des lieux où les experiences ont esté faites, l'ont esté bien moins.

Si i'auois eu assez de loisir & de commodité, ie les aurois mesurées auec plus de precision, & i'aurois mesme marqué des endroits en la montagne de cent en cent toises ; en chascun desquels i'aurois fait l'experience, & marqué les differences qui se seroient trouuées à la hauteur du vif-argent en chacune de ces stations pour vous dôner au iuste la difference qu'auroient produit les premieres cent toises, celle qu'auroient donné les secondes cent toises, & ainsi des autres ; ce qui pourroit seruir pour en dresser vne table, dans la continuation de laquelle ceux qui voudroient se donner la peine de le faire, pourroient peut estre arriuer à la parfaitte cognoissance de la iuste grandeur du diametre de toute la sphere de l'air.

Ie ne desespere pas de vous enuoyer quelque iour ces differences de cent en cent toises, autant pour nostre satisfaction, que pour l'vtilité que le public en pourla receuoir.

Si vous trouuez quelques obscuritez dans ce recit, ie pourray vous en esclaircir de viue voix dans peu de iours, estant sur le point de faire vn petit voyage à Paris, où ie vous asseureray, que ie suis,

De Clermont ce 22. ~~Nouembre~~ 1648.
Septembre

MONSIEVR,

Vostre tres-humble & tres-affectionné
seruiteur.   PERIER.

Cette

Cette Relation ayant esclaircy toutes mes difficultez, ie
ne dissimule pas que i'en receus beaucoup de satisfaction, &
y ayant veu que la difference de vingt toises d'esleuation,
faisoit difference de deux lignes, à la hauteur du vif-argent, & que six à sept toises, en faisoient enuiron demy
ligne, ce qu'il m'estoit facile d'esprouuer en cette ville, Ie
fis l'experience ordinaire du Vuide au haut & au bas de
la tour S. Jacques de la Boucherie, haute de 24. à 25. toises, ie trouuay plus de deux lignes de difference à la hauteur du vif-argent, & en suitte, ie la fis dans vne maison
particuliere haute de 90. marches, où ie trouuay tres sen-
siblement demy ligne de difference, ce qui se rapporte par-
faitement au contenu en la relation de Monsieur Perier.

Tous les curieux le pourront esprouuer eux-mesmes,
quand il leur plaira.

De ceste experience, se tirent beaucoup de consequen-
ses, comme

Le moyen de cognoistre si deux lieux sont en mesme
niueau, c'est à dire ésgalement distans du centre de la
terre, ou lequel des deux est le plus esleué, si esloignez
qu'ils soient l'vn de l'autre, quand mesmes ils seroient
Antipodes, ce qui seroit comme impossible par tout autre
moyen.

Le peu de certitude qui se trouue au Thermomettre pour
marquer les degrez de chaleur, (contre le sentiment com-
mun,) & que son eau hausse par fois lors que la chaleur augmente, & que par fois elle baisse lors que la
chaleur diminuë, bien que tousiours le Thermomettre soit
demeuré au mesme lieu.

L'inesgalité de la pression de l'air, qui en mesme de-
gré de chaleur, se trouue tousiours beaucoup plus pressé
dans les lieux les plus bas.

Toutes ces consequences seront deduites au long dans
le traicté du Vuide, & beaucoup d'autres, Aussi vtiles
que curieuses.

AV LECTEVR.

MON cher Lecteur. Le consentement vniuersel des peuples, & la foule des Philosophes concourent à l'establissement de ce principe, que la Nature souffriroit plustost sa destruction propre, que le moindre espace Vuide, Quelques esprits des plus esleuez en ont pris vn plus moderé, car encore qu'ils ayent creu que la Nature a de l'horreur pour le Vuide. Ils ont neantmoins estimé que cette repugnance auoit

E

des limites, & qu'elle pouuoit eſtre ſurmontée par
quelque violence; mais il ne s'eſt encore trouué perſonne qui ayt auancé ce troiſieſme, que la Nature n'a
aucune repugnance pour le Vuide, qu'elle ne fait aucun
effort pour l'éuiter, & qu'elle l'admet ſans peine & ſans
reſiſtance. Les experiences que ie vous ay données
dans mon abregé, deſtruiſent à mon iugement, le premier de ces principes, & ie ne vois pas que le ſecond
puiſſe reſiſter à celle que ie vous donne maintenant,
de ſorte, que ie ne fais plus de difficulté de prendre ce
troiſieſme, Que la Nature n'a aucune repugnance
pour le Vuide, qu'elle ne fait aucun effort pour l'éuiter,
que tous les effets qu'on a attribuez à cét horreur pro-
cedent de la peſanteur & preſſion de l'air, qu'elle en eſt
la ſeule & veritable cauſe, & que manque de la connoiſtre, on auoit inuenté exprés ceſte horreur imaginaire
du Vuide, pour en rendre raiſon. C'e n'eſt pas en cette
ſeule rencontre, que quand la foibleſſe des hommes
n'a pû trouuer les veritables cauſes, leur ſubtilité en a
ſubſtitué d'imaginaires, qu'ils ont exprimées par des
noms ſpecieux qui rempliſſent les oreilles & non pas
l'eſprit; c'eſt ainſi que l'on dit, que la ſympatie & antipatie des corps naturels, ſont les cauſes efficientes &
vniuoquées de pluſieurs effects; comme ſi des corps
inanimez eſtoient capables de ſympatie & antipatie; Il
en eſt de meſme de l'antiperiſtaſe, & de pluſieurs autres
cauſes Chimeriques, qui n'apportent qu'vn vain ſoula-
gement à l'auidité qu'ont les hommes, de connoiſtre

les verirez cachées, & qui loing de les ~~determine~~ ser-
uent qu'à couurir l'ignorance de ceux qui les inuentent,
& à nourrir celle de leurs sectateurs.

Ce n'est pas toutesfois sans regret que ie me departs
deces opinions si generallement receuës, Ie ne le fais
qu'en cedant à la force de la verité, qui m'y contraint.
I'ay resisté à ces sentimens nouueaux, tant que i'ay eu
quelque pretexte pour suiure les anciens, les maximes
que i'ay employées en mon abregé le tesmoignt assez.
Mais enfin, l'euidence des experiences me force de qui-
ter les opinions, où le respect de l'antiquité m'auoit
retenu. Aussi ie ne les ay quittées que peu à peu, & ie ne
m'en suis esloigné, que par degrez; car du premier de
ces trois principes, que la nature a pour le vuide vn horreur inuincible; I'ay passé à ce second, qu'elle en a de
l'horreur, mais nom pas inuincible; & de là ie suis enfin
arriué à la croyance du troisiesme, que la nature n'a aucun horreur pour le Vuide.

C'est où ma porté cette derniere experience de l'E-
quilibre des liqueurs, que ie n'aurois pas creû vous donner entiere, si ie ne vous auois fait voir quels motifs
m'ont porté à la rechercher; c'est pour cette raison que
ie vous donne ma lettre du 16. Nouembre dernier, ad-
dressante à Mr Perier, qui s'est donné la peine de la
faire auec toute la iustesse & precision que l'on peut de-
desirer, & à qui tous les curieux qui l'ont si long-temps
souhaittée en auront l'obligation entiere.

Comme par vn auantage particulier, ce souhait vni-

uerſel l'auoir renduë fameuſe auant que de paroiſtre,
Ie m'aſſeure qu'elle ne deuiendra pas moins illuſtre
apres ſa production, & qu'elle donnera autant de ſa-
tisfaction que ſon attente à cauſé d'impatience.

Il n'eſtoit pas à propos d'y laiſſer languir plus long-
temps ceux qui la deſirent, & c'eſt pour cette raiſon
que ie n'ay peû m'empeſcher de la donner par auance,
contre le deſſein que i'auois de ne le faire que dans le
traitté entier (que ie vous ay promis dans mon abregé)
dans lequel ie deduiray les conſequences que l'on ay ti-
rées, & que i'auois differé d'acheuer, iuſques à cette
derniere experience, parce qu'elle y doit faire l'accom-
pliſſement de mes demonſtrations; Mais comme il ne
peut pas ſi toſt paroiſtre, ie n'ay pas voulu la retenir
dauantage, autant pour meriter de vous plus de reco-
gnoiſſance, par ma precipitation, que pour eſuiter le
reproche du tort, que ie croirois vous faire ꝑ vn plus
long-temps retardement.

F I N.

A PARIS,

Chez CHARLES SAVREVX, Relieur ordin.
du Chapitre, ruë neuſue N. Dame, proche ſainĉte
Geneuieſue des Ardens, aux trois Vertus 1648.

www.ingramcontent.com/pod-product-compliance
Lightning Source LLC
Chambersburg PA
CBHW050458210326
41520CB00019B/6264